RECUEIL

DE

PROCÉDÉS CHIMIQUES

POUR

LES LIQUIDES EN GÉNÉRAL.

TOUTES LES RECETTES SONT ÉPROUVÉES ET GARANTIES

PAR L'AUTEUR,

M. J.-S. DUMONT,

Ancien distillateur-liquoriste.

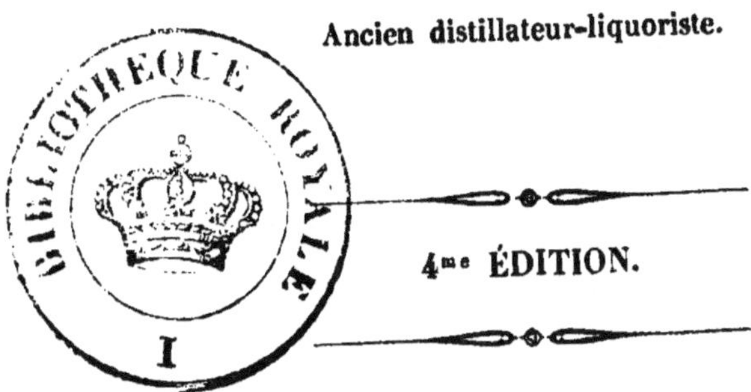

4me ÉDITION.

LYON,

IMPRIMERIE NIGON, RUE CHALAMONT, 5.

—

1846.

RÈGLE GÉNÉRALE

POUR FABRIQUER

TOUTES SORTES DE LIQUEURS,

SANS DISTILLATION.

Pour 8 litres, prenez 4 kilos de sucre, 2 kilo, 750 grammes d'eau : après que le sucre est bien fondus l'on y ajoute 2 kilos 750 grammes d'esprit de vin, et les essences et couleurs qu'on trouve dans les recettes suivantes ; après on filtre.

Persico.

Prenez 4 grammes d'essence de persico.

Huile de noyaux.

Prenez 4 grammes d'essence de noyaux.

Huile de rose.

Prenez 10 gouttes d'essence de rose, et ajoutez-y la couleur rose : 4 grammes d'extrait de rose, peuvent remplacer les 10 gouttes d'essence de rose, et la liqueur est infiniment meilleure.

Huile de vanille.

Prenez 8 grammes d'extrait de vanille et la couleur rose.

Rosolio.

Prenez 250 grammes d'extrait de vanille, 3 gouttes d'essence de rose, 4 grammes d'eau de fleur d'orange, et la couleur rose.

Marasquin.

4 grammes d'essence de marasquin, un litre de kirsch-wasser, 500 grammes d'eau, et 500 grammes d'esprit de vin de moins qu'il n'est parlé dans la règle générale.

Anisette.

Prenez 6 grammes d'essence d'anis , 8 gouttes d'essence de cannelle de Ceylan.

Véritable Curaçao de Hollande.

Prenez 8 grammes d'essence de curaçao , 6 gouttes d'essence de cannelle de Ceylan , le sucre et l'eau. On les fait bouillir 5 minutes avec le jus et la râpure de 60 oranges; on les colore avec du caramel. Pour faire rougir le curaçao dans l'eau, l'on fait infuser 15 grammes de cochenille pilée, dans la même liqueur, pendant 8 jours; après on la filtre.

Huile d'ananas.

Prenez 500 grammes d'ananas râpé, infusez 8 jours dans l'esprit.

Crême de menthe verte.

Prenez 4 grammes d'essence de menthe et la couleur verte.

Citronnelle.

Prenez 8 grammes d'essence de citron et la couleur jaune.

Baume humain.

Prenez 3 gouttes d'essence de rose , 8 gouttes d'essence de cannelle, 24 gouttes d'essence de cédrat , 8 gouttes d'essence de macis.

Huile de rhum.

L'on remplace l'esprit par du rhum, et l'on met l'eau en proportion du degré.

Cannelin de Corfou.

Prenez 2 grammes d'essence de cannelle de Ceylan.

Alkermès de Florence.

Prenez 4 grammes de vanille , 4 grammes de cardamomum , 4 grammes de noix muscade. 8 grammes de cannelle de Ceylan; toutes ces substances pilées et infusées 3 jours dans l'esprit de vin; après l'on y ajoute 5 gouttes d'essence de rose et la couleur rose.

Garofolino.

Prenez 2 grammes d'essence de girofle et la couleur rose.

Extrait d'absinthe.

Prenez 4 litres d'esprit, 8 grammes d'essence d'absinthe, 8 grammes d'essence de fenouil, 8 grammes d'essence d'anis, 2 litres d'eau et la couleur verte.

Huile de la Martinique.

Prenez 4 grammes d'essence de vanille, 8 gouttes d'essence de néroli, 8 gouttes d'essence de cannelle.

Crême de nymphe.

Prenez 24 gouttes d'essence de cannelle de Ceylan, 12 gouttes de muscade, 4 gouttes d'essence de rose.

Huile de cinamonum.

Prenez 2 grammes d'essence de cannelle de Ceylan; on colore jaune légèrement.

Rose blanche.

Prenez 10 gouttes d'essence de rose, 6 gouttes teinture de musc.

Ruga.

Prenez 250 grammes de rhue infusée 8 jours dans l'esprit.

Eau du chasseur.

Prenez 36 gouttes d'essence de menthe, 12 gouttes d'essence de muscade, couleur verte.

Eau d'or.

Prenez 6 gouttes d'essence de cannelle, 10 gouttes d'essence de macis, 4 grammes d'essence de citron; on colore couleur de paille avec du jaune, et, après avoir filtré, on y ajoute une feuille d'or pour chaque litre.

Eau d'argent.

Prenez 4 grammes d'essence de cédrat, 4 gouttes de rose ; après avoir filtré on y ajoute une feuille d'argent pour chaque litre.

Eau des belles femmes.

Prenez 4 grammes d'essence de vanille, 8 gouttes d'essence de néroli, 2 gouttes d'essence de rose, et la couleur rose.

Parfait amour.

Prenez 36 gouttes d'essence de girofle, 12 de macis, 4 grammes d'essence de citron, et la couleur rose.

Coquette flatteuse.

Prenez 6 gouttes d'essence de rose, 12 gouttes de teinture de musc et 8 de cannelle de Ceylan.

Eau de noix.

Prenez 110 noix vertes pilées, 30 grammes de clous de girofle, 62 grammes de cannelle ; infusez dans 20 litres d'eau-de-vie, pendant 4 semaines ; ensuite on tire au clair et l'on y ajoute 5 kilos de sirop ordinaire.

Elixir de néroli.

Prenez 16 grammes de myrrhe, 24 gouttes d'essence de néroli ; infusez pendant 8 jours dans l'esprit

Huile de thé.

Prenez 62 grammes de thé impérial, infusez 8 jours dans l'esprit.

Huile de girofle.

Prenez 2 grammes d'essence de girofle et la couleur rose.

Crême de cédrat.

Prenez 8 grammes d'essence de cedrat.

Crême de rose.

Prenez 10 gouttes d'essence de rose et la couleur rose.

Crême d'orange.

Prenez 8 grammes d'essence d'orange et la couleur jaune.

Crême de jasmin.

Prenez 8 grammes d'essence de jasmin.

Crême à la fleur d'orange.

Prenez 500 grammes d'eau de fleur d'orange triple.

Crême de Portugal.

Prenez 8 grammes d'essence de Portugal et la couleur jaune.

Ratafia de Grenoble.

Prenez 25 kilos de cerises noires pilées: on les laisse fermenter 3 jours, après on y ajoute 15 litres d'eau-de-vie, 62 grammes de cannelle, 30 grammes de noix muscade; on laisse infuser le tout 8 jours, après on le tire au clair et on y ayoute 5 kilos de sirop.

Ratafia de coings.

Prenez 2 kilos de coings, infusez 8 jours dans l'esprit.

Ratafia de fraises.

Le jus de 1 kilo 1⁄2 de fraises.

Ratafia de framboises.

Le jus de 1 kilo 1⁄2 de framboises.

Liqueur stomathique amère.

Prenez 30 grammes de cachou, 10 grains d'aloès sucotrin, 4 grammes de myrrhe, 30 grammes de cannelle, le tout infusé 8 jours.

Huile d'éther.

Prenez 4 grammes d'essence de cédrat, 4 grammes d'éther sulfurique.

Huile de kirsch-wasser.

L'on remplace l'esprit par du kirsch, et l'on met moins d'eau en proportion du degré.

Huile de menthe.

Prenez 4 grammes d'essence de menthe.

Huile de violette.

Prenez 62 grammes de fleurs de violettes sèches, faites-les bouillir 2 minutes avec le sucre et l'eau de la composition.

Huile de myrrhe.

Prenez 30 grammes de myrrhe pilée, infusez 8 jours dans l'esprit.

Huile cordiale.

Prenez 8 gouttes d'essence de cannelle de Ceylan, 6 gouttes de girofle, 6 gouttes de muscade et 15 gouttes de menthe.

Rosolio de Breslau.

Prenez 4 grammes de vanille, 4 gouttes d'essence de rose, 6 gouttes de néroli, le sucre et l'eau ; on les fait bouillir 5 minutes avec le jus de 6 oranges et 30 grammes de capillaire.

RÈGLE GÉNÉRALE

POUR LA DISTILLATION.

L'on mettra premièrement 2 kilos 1/2 d'eau dans l'alambic et 500 grammes d'esprit avec les aromates que l'on trouve dans les recettes suivantes ; l'on distille jusqu'à ce qu'on ait reçu les 500 grammes d'esprit ; alors la distillation est finie. Pendant que cette distillation s'opère, l'on mettra dans une terrine de terre 4 kilos de sucre et 2 kilos 750 grammes d'eau ; quand le sucre est bien fondu on ajoute 2 kilos d'esprit et les 500 grammes provenant de la distillation ; après on filtre.

Anisette de la Martinique.

Prenez 250 grammes d'anis vert, 62 grammes d'anis étoilé, 18 grammes de cannelle de Ceylan.

Crême de moka.

Prenez 250 grammes de café grillé ; on le met entier dans l'alambic.

Elixir de Garus.

Prenez 8 grammes de myrrhe, 8 grammes d'aloès sucotrin, 8 grammes de noix muscade, 8 grammes de clous de girofle, 30 grammes de cannelle de Ceylan ; on colore jaune.

Mirabolenti.

Prenez 125 grammes de mirabolenti, 62 grammes de cardamomum.

Curaçao distillé

Prenez 500 grammes d'écorce de curaçao, 30 grammes de cannelle de Ceylan ; infusez 3 jours dans l'esprit ; après on distille. Le sirop se prépare comme le curaçao précedent.

Verdolino de Turin.

Prenez 16 grammes de myrrhe, 30 grammes de cannelle de Ceylan, 62 grammes de cardamomum, couleur verte.

Eau divine.

Prenez 30 grammes de cannelle de Ceylan, 125 grammes de cacao, 4 grammes de myrrhe.

Eau romaine.

Prenez 16 grammes de noix muscade, 30 grammes de cannelle de Ceylan, 30 grammes de calamus aromaticus.

Huile de Vénus.

Prenez 30 grammes de cardamomum, 30 grammes d'ambrette, 30 grammes de cannelle de Ceylan, 8 grammes de macis, le jus de 6 oranges.

Lait des vieilles.

Prenez 187 grammes de cacao, 30 grammes de cannelle de Ceylan, 30 grammes de semence de carotte.

Eau du paradis.

Prenez 125 grammes de cacao, 62 grammes de cardamomum, 30 grammes de cannelle de Ceylan.

Anisette de Bordeaux.

Prenez 250 grammes d'anis vert, 30 grammes de coriandre, 16 grammes de cannelle de Ceylan.

Eau-de-vie d'Antzic.

Prenez 125 grammes de cacao, 30 grammes de cannelle de Ceylan, 16 grammes de macis, le zeste de 4 citrons, et après avoir filtré mettez une feuille d'or pour chaque litre.

Eau-de-vie d'Andaye.

Prenez 62 grammes d'iris en poudre, 62 grammes de graine de genièvre, 62 grammes d'anis vert, 62 grammes de graine d'angélique, 30 grammes de cannelle; on met moitié moins de sucre que pour les autres liqueurs.

Eau de la Côte-St-André.

Prenez 500 grammes d'amandes de pêches, 30 grammes de cannelle de Ceylan, le zeste de 10 oranges.

Cédrat de la Côte-St-André.

Le zeste de 10 cédrats.

Champ d'asile.

Prenez 62 grammes de carvi, 62 grammes d'ambrette, 30 grammes de cannelle de Ceylan.

Eau de Malte.

Prenez 30 grammes de cannelle, 4 grammes de castorium, 8 grammes de macis.

Vespétro.

Prenez 62 grammes de graines d'angélique, 30 grammes de cannelle, 8 grammes de macis, le zeste de 10 citrons.

Scubac d'Irlande.

Prenez 90 grammes de fenouil de Florence, 62 grammes de cannelle de Ceylan, 8 grammes de noix muscade; on colore jaune très foncé.

Macaroni.

Prenez 500 grammes d'amandes amères, 30 grammes de cannelle de Ceylan, 16 grammes de noix muscade.

Eau cordiale.

Prenez 8 grammes de myrrhe, 30 grammes de cannelle de Ceylan, 62 grammes de cardamomum.

Crême d'absinthe.

Prenez 187 grammes d'herbe d'absinthe, 62 grammes d'anis.

Crême d'angélique.

Prenez 62 grammes de racine d'angélique.

Crême impériale.

Prenez 30 grammes de semence de carotte, 30 grammes de cannelle de Ceylan, 62 grammes de semence d'angélique, 62 grammes d'iris en poudre.

Crême royale.

Prenez 30 grammes de clous de girofle, 4 grammes de myrrhe, 30 grammes de cannelle, 62 grammes de carvi.

Huile de Jupiter.

Prenez 62 grammes de fenouil, 62 grammes de cannelle, 62 grammes de cacao, 30 grammes d'iris.

Huile d'anis des Indes.

Prenez 187 grammes de badiane, 30 grammes de cannelle de Ceylan.

Huile d'absinthe.

Prenez 250 grammes d'herbe d'absinthe.

Huile d'angélique.

Prenez 90 grammes de racine d'angélique, 30 grammes de cannelle de Ceylan.

Huile de céleri.

Prenez 90 grammes de semence de céleri.

Véritable absinthe du Couvet, en Suisse.

Prenez 5 litres d'esprit, 4 litres d'eau, 450 grammes d'herbe d'absinthe, 220 grammes de fenouil de Florence, 450 d'anis, 62 grammes d'herbe de menthe, le tout infusé 8 jours; ensuite on le presse et on distille le liquide seul, puis on le colore olive.

Couleur olive.

On colore la liqueur d'un beau bleu de ciel, et pour la rendre olive l'on y ajoute du sucre brûlé.

Couleur rose pour toutes les liqueurs.

Prenez 30 grammes de cochenille pilée, 62 grammes de cendres de bois, 1 kilo d'eau; on les fait bouillir 5 minutes dans une casserole de terre, et l'on colore la liqueur à volonté.

Couleur jaune.

Prenez 4 grammes de safran infusé dans un verre d'eau chaude.

Couleur verte.

Des tablettes de bleu cannelé, que les épiciers vendent pour le linge: on en fait dissoudre dans un verre d'eau chaude, l'on colore la liqueur d'un beau bleu de ciel, et pour la rendre verte, l'on y ajoute de la teinture de safran.

Couleur violette.

On colore la liqueur rose pâle, et l'on y ajoute un peu de bleu.

RÈGLE GÉNÉRALE

Pour les glaces à la crême.

Prenez 1 kilo 1/2 du meilleur lait, le jaune de 8 œufs et 375 grammes de sucre; on fait cuire sur un feu doux de la manière habituelle, avec les aromates que l'on trouve dans les recettes suivantes, selon la qualité que l'on désire faire.

Crême au chocolat.

Prenez 187 grammes de chocolat superfin râpé dans de la crême.

Crême à la vanille.

Prenez 4 grammes de vanille de la première qualité.

Crême au café.

Prenez 147 grammes de café grillé; on le met entier dans la crême.

Crême aux amandes grillées.

Prenez 125 grammes d'amandes amères coupées en quatre et grillées comme l'on fait griller le café.

Crême aux pistaches

Prenez 125 grammes de pistaches, on les fait blanchir dans l'eau chaude, puis on les pelle et on les coupe en quatre.

Crême à la fleur d'orange.

Prenez 125 grammes de fleurs d'orange confites, bien pilées avec du sucre.

Crême au cédrat.

Prenez la râpure de 4 cédrats.

Crême à la cannelle.

Prenez 16 grammes de cannelle de Ceylan.

Nota. Pour toutes les liqueurs appelées crêmes, on fait bouillir le sucre et l'eau 2 minutes.

RÈGLE GÉNÉRALE

pour les glaces au fruit.

Prenez 1 kilo de sirop bien cuit, 500 grammes d'eau avec le parfum indiqué ci-dessus.

Glace au fraisier.

Prenez le jus de 1 kilo de fraises et de 3 citrons.

Glace au citron.

Prenez le jus de 12 citrons.

Glace aux framboises.

Prenez le jus de 1 kilo de framboises et de 3 citrons.

Glace aux pêches.

Prenez le jus de 1 kilo de pêches et de 3 citrons.

Glace aux abricots.

Prenez le jus de 1 kilo d'abricots et de 3 citrons.

Glace à la rose.

Prenez 500 grammes d'eau de rose, le jus de 6 citrons et la couleur rose.

Glace à la fleur d'orange.

Prenez 187 grammes d'eau de fleur d'orange et le jus de 6 citrons.

Glace à la cannelle.

Prenez 187 grammes d'eau de cannelle de Ceylan et le jus de 6 citrons.

Glace aux oranges.

Prenez le jus de 10 oranges.

Glace au marasquin.

Prenez 20 gouttes d'essence de marasquin et le jus de 4 citrons.

Recette pour fabriquer le vin de Malaga

Prenez 16 litres de bon vin blanc, 2 kilos de sucre en poudre, 8 grammes de cachou, 16 grammes de fleurs de cartame, 1 kilo de véritable raisin sec de Malaga, pilé comme une pâte de beurre ; faites bouillir le tout ensemble pendant une minute ; après que ce mélange est froid, donnez-lui la couleur avec du sucre brûlé ; filtrez le tout et mettez-le dans un tonneau goudronné exprès. Comme il faut soufrer le tonneau pour le vin blanc, vous y ajoutez 1 litre d'esprit de vin.

Vin de Lacryma-Christi.

Prenez 12 kilos 1/2 de bon vin rouge, 250 grammes de corinthe, 1 kilo de sucre, 62 grammes de fleur de pavot, 16 grammes de safranum, 4 grammes de cachou ; on fait bouillir le tout une seule minute ; après qu'il est froid, l'on y ajoute 625 grammes d'esprit de vin et on le filtre.

Vin muscat de Frontignan.

Prenez 16 litres de vin blanc ordinaire, 1 kilo de sucre, demi-kilogramme de raisin muscat sec, 4 grammes de noix muscade râpée, 4 grammes de fleur de sureau, le tout bien délayé et infusé : huit jours après on y ajoute demi-litre d'esprit de vin, et on filtre.

Vin de Madère.

Prenez 16 litres de vin blanc, 1 kilo de sucre, 1 kilo de figues sèches pilées, 62 grammes de fleurs de tilleul. 4 grammes de rhubarbe orientale, 2 grammes d'aloès sucotrin ; faites bouillir le tout pendant une minute, et après filtrez ; ajoutez ensuite 1 litre d'esprit de vin.

Vin de Champagne mousseux.

Prenez 16 litres de vin blanc très blanc, 1 kilo 1/2 de sucre en pain, 4 grammes de semence de céleri pilé, 62 grammes de bi-carbonate de soude, 62 grammes d'acide tartarique ; après que le tout est bien fondu, on y ajoute 375 grammes d'esprit-de-vin, on filtre et on met en bouteille.

Eau-de-vie de Cognac.

Prenez 100 litres d'esprit, 125 grammes de fleurs de

tilleul, 62 grammes de thé, 30 grammes de cachou brut pilé, 8 grammes de rhubarbe, 8 grammes de noix muscade, 12 grammes d'aloès sucotrin; faites infuser le tout pendant 8 jours, et après on le réduit avec de l'eau de pluie, et l'on y ajoute d'un verre jusqu'à quatre verres de jus de raisin par velte.

EAU DE COLOGNE.

Véritable recette de Jean-Marie Farina.

Prenez 2 litres d'esprit de vin à 33 degrés, 62 grammes d'essence de bergamotte, 30 grammes d'essence de néroli, 16 grammes d'essence de girofle, 12 grammes d'essence de lavande, 8 grammes d'essence de romarin, le tout bien mélangé, et passez au filtre.

Véritable Elixir de longue-vie.

Prenez 1 litre d'esprit de vin à 33 degrés, 2 litres d'eau-de vie à 22 degrés, 62 grammes d'aloès sucotrin, 8 grammes de zéodoria, 8 grammes de gentiane, 16 grammes de rhubarbe, 8 grammes d'agaric blanc, 30 grammes de thériaque de Venise, 16 grammes de safran; le tout ensemble infusé pendant huit jours; passez ensuite au filtre.

Limonade gazeuse en paquet.

Prenez 30 grammes de sucre, 4 grammes de bi-carbonate de soude, ces deux substances bien pilées ensemble et conservées dans du papier. Quand on veut faire la limonade, on a dans un autre papier 4 grammes d'acide tartarique en poudre; on mêle le tout ensemble et on le verse dans un grand verre d'eau.

Kirsch-wasser.

Prenez 4 litres d'esprit, 4 grammes d'essence de noyaux et 20 gouttes d'essence de néroli; après l'on y ajoute 2 litres d'eau.

Eau de fleur d'orange.

Prenez 4 grammes de néroli surfin: on les met dans

un verre avec de la magnésie ; on en fait une pâte dure ;
après on la délaye dans 6 bouteilles d'eau, et on filtre.

Eau de rose.

Prenez 4 grammes d'essence de rose pour 12 litres
d'eau préparée comme la recette ci-dessus.

Bière de gingembre anglaise.

Prenez 5 kilos d'eau, 460 grammes de sucre, le jus
et la râpure de deux citrons, 48 grammes de gingem-
bre pilé, 30 grammes de levure de bière ; on laisse fermenter le tout pendant 48 heures, on filtre ensuite et
on met en bouteille.

Moutarde de santé.

Prenez 46 litres de bon vinaigre, 62 grammes clous
de girofle, 62 grammes cannelle, 30 grammes d'essence de citron, 16 grammes de Cayenne des Indes.
500 grammes d'herbes d'estragon, 125 grammes d'herbe
de thym ; infusez le tout pendant 8 jours. Ajoutez ensuite
500 grammes de ciboule pilée, pressez le tout à la
presse, et filtrez. Ensuite on y mélange 18 kilos de
moutarde pilée, 2 kilos de fécule de pomme de terre,
2 kilos de sucre ; mélangez bien le tout.

Composition pour rendre les étoffes imperméables.

Prenez 452 grammes d'alun dans 3 litres d'eau
chauffée à 66 degrés Réaumur, 650 grammes de sel de
saturne fondu dans 1 litre 1⁄2 d'eau ; on agite, on
laisse reposer et on tire au clair ; on trempe son étoffe
pendant 24 heures dans cette liqueur, et on laisse sécher à l'air.

Vin à 5 centimes le litre.

On sait que les habitants de Paris n'ont pour se désaltérer en été, durant les fortes chaleurs, que le coco
ou infusion de réglisse, le petit cidre frabriqué avec
du sirop de fécule et des fruits secs, la petite bière
et la cuvée du marchand de vin, la moins insalubre de

ces boissons, souvent altérées, c'est le coco ; voici la manière de l'améliorer afin d'obtenir une boisson vineuse pour le ménage :

Crème de tartre en poudre, 100 grammes ;
racine de reglisse, 250 grammes ;
litres d'eau, 4.

On met dans un chaudron, l'eau, la crème de tartre et la réglisse coupée en morceaux, ou broyée avec un marteau ; on fait bouillir un quart-d'heure, on verse le tout dans un baquet ou autre vase, on ajoute 17 litres d'eau, on laisse reposer 2 heures au plus ; on tire ensuite le liquide au clair, on le met dans un baril ou une grande cruche, on verse dans 20 litres de cette infusion, 1 litre d'alcool ou esprit de vin à 33 degrés, ou 2 litres d'eau-de-vie à 18 ou 19 degrés ; on mêle et on laisse reposer quelque temps ; on obtient ainsi une boisson saine, agréable, qui surpasse en vinosité le cidre, la bière, et même quelques vins que l'on vend 50 centimes le litre.

On peut varier cette composition de la manière suivante :

Crème de tartre, 100 grammes ;
vinaigre, 250 grammes ;
sucre brut, mélasse ou miel, 750 grammes ;
Eau, 20 litres, alcool 3/6, 1 litre, ou eau de vie à 19 degrés, 2 litres.

On fait fondre la crème de tartre avec le sucre dans 2 litres d'eau ; on donne un quart-d'heure d'ébullition, après quoi on fait le mélange ; on laisse reposer du soir au lendemain dans un endroit frais ; on aromatisera, si l'on veut, avec un ou deux citrons coupés en tranches minces et infusées dans un peu d'eau bouillante

On met dans la liqueur un nouet de coriande et de fleurs de sureau, ou de feuilles de pêchers.

Autre recette d'un très bon effet.

Groseilles rouges, 4 kil ;
framboises, 128 grammes ;

sucre terré,	1 kil. ;
eau pure,	20 litres ;
alcool 3/6,	1 litre

On met les groseilles dans un chaudron avec 1 litre d'eau; on fait bouillir un quart-d'heure . on passe dans un linge avec pression , on ajoute les framboises en retirant les groseilles du feu , on fait fondre le sucre dans la liqueur encore chaude sans faire bouillir , on ajoute l'eau nécessaire et l'alcool , on mêle , on met dans un baril , et on laisse reposer un jour ; on tire le tout en bouteille.

Cette boisson revient à 10 centimes dans Paris, et vaut beucoup mieux que le cidre , la bière , et certains vins à bas prix; on a l'avantage de préparer sa boisson soi-même. Lorsque les groseilles seront passées, on peut se servir de suc de cassis, de cerises , de prunes, de cornioles, de sorbes. de prunelles. de pommes tombées, ou en maturité; on écrase ces fruits, on les fait bouillir dans de l'eau pendant une demi-heure avec la mélasse, on ajoute de l'eau pour achever les 20 litres , on laisse fermenter pendant 2 ou 3 jours. Si la fermentation ne s'établit pas le premier jour, on ajoute un morceau de pain trempé dans de la levure de bière , ou un peu de levain de boulanger; lorsque la boisson ne travaille plus, on ajoute l'alcool ou l'eau-de-vie, on laisse reposer et on met en bouteille; on verse un peu d'eau sur le marc , et on obtient une petite boisson que l'on consomme de suite.

Je recommande la pratique de ces recettes aux chefs d'atelier , aux fermiers , aux ménages peu aisés. Je pense que dans les circonstances malheureuses qui laissent souvent les ouvriers sans travail, les sociétés de bienfaisance devraient faire composer quelques-unes de ces boissons pour les distribuer, à bas prix, aux familles indigentes ; ces distributions seraient aussi utiles que celles du bouillon et des légumes; les femmes et les enfants y trouveraient une boisson saine et agréable, pour les fortifier et les désaltérer en même temps.

Recette pour la bière à 5 centimes le litre.

100 litres d'eau.
500 grammes houblon.
8 kilos son de froment.
5 kilos sirop de sucre ou mélasse.

Faites sécher le son au four pendant une demi-journée, faites-le bouillir deux heures dans votre eau, ajoutez le sirop, laissez bouillir une heure, ajoutez le houblon, faites bouillir 2 heures, laissez refroidir jusqu'au tiéde, tirez au clair dans un tonneau, mettez en levure, làissez fermenter un jour ou deux, et tirez en cruche ou en bouteille.

Recette pour donner le moelleux aux liqueurs communes.

Faites bouillir pendant 2 heures 500 grammes de racine de guimauve découpée dans 1 litre d'eau, ajoutez cette décoction à 20 litres de liqueur avant de les mettre en bouteille.

Pour l'économie, vous pouvez remplacer la guimauve par de la graine de lin.

Recette pour fabriquer le chocolat de santé surfin et à la vanille.

Pour 5 kilos à 5 kilos 1/2 de chocolat,
Prenez 1 kilo 1/2 de cacao caraque,
Et 2 kilos de cacao maragnon.

Torrifiez dans un brûloir à café, jusqu'à ce qu'en pressant le cacao entre vos doigts, l'écorce se brise et se sépare facilement du fruit; sortez du brûloir; écrasez dans un tamis en fil de fer, avec une brique ou un morceau de bois cannelé, votre cacao qui passera à travers votre tamis, dont les trous doivent être la moitié de la grosseur de votre cacao.

Vous vannez ensuite votre cacao pour séparer l'amande des coquilles.

Vous remettez le cacao séparé de ses coquilles dans votre brûloir sur un feu doux, afin de ne pas le brûler, ce qui donnerait un mauvais goût au chocolat. Vous chauffez votre cacao 5 minutes, vous le mettez dans la conche, en ayant soin de le couvrir d'un linge pour le tenir toujours chaud.

Vous le broyez ensuite, avec le rouleau, sur votre pierre à chocolat, que vous devez tenir toujours chaude modérément au moyen d'une chaufferette placée sous la pierre, dont vous entretenez le feu; en conséquence, lorsque ce cacao est bien broyé en le repassant deux fois sur la pierre, vous ajoutez 2 kilos 1/2 de sucre Bourbon ou Martinique, le plus sec que vous pourrez trouver, et vous repasserez sur la pierre votre cacao et votre sucre, que vous avez préalablement mêlés ensemble dans votre conche, avec une grande spatule en bois. Vous ajouterez avant la dernière passée 30 grammes de cannelle de Ceylan pulvérisée bien fine; comme votre chocolat serait trop liquide pour mettre en moule, vous ajouterez de l'eau tiède en le travaillant dans la conche avec la spatule, jusqu'à ce qu'il ait une consistance qui permettra de le manier avec les mains. Vous le pesez ensuite par quantité de 125 ou 250 grammes, suivant le poids que vous désirez donner à vos tablettes, et les mettez dans vos moules, que vous battez sur une planche à rebord, jusqu'à ce que votre chocolat soit bien égalisé. Vous retirez le lendemain votre chocolat des moules, dont il sort facilement; vous aurez soin de mettre vos moules sur une table bien d'aplomb. Pour le faire à la vanille, vous y mettrez 15 grammes de vanille que vous avez pilée avec un peu de sucre que vous ajoutez à votre chocolat avant la dernière passée, ou bien vous faites infuser votre vanille dans un peu d'eau contenue dans un ustensile en étain, fermant bien hermétiquement, et vous vous servez de cette eau qui a pris tout le parfum de la vanille pour donner le corps nécessaire à votre chocolat, avant de le mettre en moule; de cette manière, le parfum est plus délicat, n'ayant pas été mis en contact avec le feu.

Crême de menthe digestive.

125 grammes feuilles de menthe.
 90 grammes coriande concassée
  8 grammes macis.
  8 grammes ambrette.
  1 kilo d'esprit 3/6. Laissez infuser 24 heures et distillez, ajoutez ensuite 750 grammes de sirop de sucre clarifié, mélangez et mettez en bouteille.

Absinthe suisse.

 12 Litres d'esprit 3/6.
375 grammes d' absinthe, feuilles.
190 grammes de fenouil.
190 grammes d'écorce d'orange.
 62 grammes calamus.
 62 grammes racine d'aunée.
 62 grammes hyssoppe.
 45 grammes feuilles de menthe.
  4 grammes mélisse.

Faites macérer dans l'esprit ces substances pendant 8 jours, distillez ensuite à un feu doux ; vous retirez 6 litres, vous ajoutez 6 grammes d'huile essentiel d'anis.

Les 6 litres restant dans l'alambic servent à faire l'eau vulnéraire.

Encre pour écrire, faite à la minute.

250 grammes vin blanc.
 30 grammes noir d'ivoire pilé.
  2 grammes indigo pilé.
  8 grammes gomme arabique pilé.
 30 grammes sucre pilé.

Mélangez le tout, et faites chauffer à 25 degrés.

Encre pour marquer le linge.

Prenez 30 grammes de sous-carbonate de potasse fondu dans 15 grammes d'eau bouillante. Ajoutez 15 grammes de rognure de peau de veau coupée par petits morceaux, 8 grammes de fleurs de soufre ; faites cuire le tout dans une cuiller de fer jusqu'à ce qu'il soit sec; ensuite faites chauffer vivement jusqu'à ce qu'il soit ouge; ajoutez ensuite un peu d'eau pour le rendre liquide.

Pâte minérale pour repasser les rasoirs.

Prenez 500 grammes de rouge d'orfèvre, 30 grammes d'essence de citron mêlés avec quantité suffisante de graisse de cochon salé, pour faire une pâte dure, que vous mettez en bâton.

Pastilles pour parfumer les appartements.

Prenez 500 grammes de charbon de boulanger pilé,
30 grammes de benjoin pilé,
 8 grammes de storax,
 8 grammes de baume de Pérou ;
Une quantité suffisante d'eau de gomme pour faire une pâte du tout.

Cirage anglais pour la chaussure.

Mélasse,　　　　　1 kil. ;
noir d'ivoire,　　　2 kil. ;
acide sulfurique,　50 grammes ;
huile d'olive,　　　30 grammes ;
essence de citron ou lavande, 20 grammes.
Mêlez la mélasse et le noir, ajoutez ensuite l'acide, mêlez et ajoutez l'huile et l'essence, que vous mêlez encore, et votre cirage est fait.

Cirage pour les appartements.

Faites fondre au bain-marie, jusqu'à l'ébullition,
500 grammes de cire jaune dans 500 grammes d'eau.
Jetez-y, dans cet état, 60 grammes de potasse fondue dans 128 grammes d'eau, 48 grammes de savon vert, 32 grammes d'eau de Cologne ; remuez un quart-d'heure, et laissez ensuite reposer 24 heures, ajoutez 60 grammes de rouge de prusse délayez tout ensemble, et ajoutez 1 kilo 250 grammes d'eau pour l'employer.

Cirage pour les harnais.

Vinaigre rouge,	1/2 litre ;
bière,	1/2 litre ;
colle forte,	125 grammes ;
colle de poisson en feuille,	62 grammes;
bois d'inde haché,	62 grammes ;
indigo pilé fin,	62 grammes.

Faites bouillir ensemble 1 heure environ; la composition est faite. On l'emploie avec une éponge.